はじめに

我が家の毛むくじゃらの家族、センパイ（豆柴犬 2005年生まれ♀）とコウハイ（雑種猫 2010年の秋に生後まもなく保護された♂）。最近の2匹は、いつもべったり……、でもないけど離れもしません。何か真剣に話し合っていることもあれば、嬉しそうにじゃれ合ったり、ときには慰め合ったり。センパイは、コウハイの挑発的な「遊んで！」攻撃を、「困ったわねぇ」という顔をしながらも健気に受け入れ、コウハイは、センパイの果てなき食い意地に振り回され、「またはじまったニャ」とあきらめの表情……。そんな2匹が醸し出す空気感、あ・うんの呼吸、コントのようなやりとりを見ていただきたくて、写真を並べて4コママンガのように作ってみました。

「起承転結」とわかっていても、オチをつけてみると5コマや6コマになってしまったり……。最初はそんな感じでしたが、幻冬舎plusで連載がはじまると、たくさんの方

02

に楽しみにしていただき、私にとって予想外の喜びでした。そしてこのたび、1年間の連載に書き下ろしを加え、出版の運びとなりました。

この本が「サザエさん」のような本になったらいいなぁ、と思いながら作っていました。国民的なロングセラーにしたいとか、アニメの長寿番組にしたかったんです。老若男女、動物好きな人にもそうでない人にも。

いつも思っていることですが、読んでくださったみなさんに「あはは！」と笑ってもらえることが、何よりの喜びです。笑って、薄皮1枚分でも心を軽くしてもらえたら、本当に嬉しい。本棚に大切に保存されるより、身近に置いて、手あかをいっぱいつけてもらえる本になったらいいなぁ！

仕事や勉強の合い間に、深呼吸する代わりにページをめくってください。

もくじ

はじめに … 2

センパイとコウハイから自己紹介です … 8

ボクが小さかったとき 1 … 9

かぶりもの … 10

ねえたんの教え … 11

相談室ごっこ／犯人は誰だ … 12

天使 or 悪魔 … 13

春は眠いニャ … 14

はじめてのケーキ／バレてた…… … 15

打たれ弱い／小さなお願い … 16

つなげてみました … 17

どうぞこのまま／緊急会議 … 18

鬼ねえたん … 19

よくわからない … 22

ごきげんななめ？ … 23

いってらっしゃいのごあいさつ？ … 24

おいしいプレゼント … 25

見たな〜！ … 26

何食べた!?　1／コウハイの1日 … 27

人の気も知らないで／悪態 … 28

夢の中で … 29

おしりモソモソ／ただいま入浴中 … 30

お風呂当番 … 31

あたちの猫歴史 … 32

関所／お恵みを…… … 33

ただいま修業中／コウハイレポート … 34

一発芸 … 35

コウハイが来たとき	38
ケンカを売る	39
追っかけ	40
今のうちに！	41
ねえたんストーカー	42
今夜の計画は／お告げ	43
今日という今日は／お風呂ぎらい	44
待てー！	45
来年の抱負／気持ちいいのは……	46
大きいベッド	47
コウハイコワイ	48
ヘイ、タクシー！／白昼夢	49
もういいかい？	52
言いたいことは	53
さくらんぼ	54
真夏の出来事	55
今年もそろそろ	56
スイミング２０１４／ボクにもください！	57
夏のおともだち／涼しいところ	58
ほんとかな？	59
そろそろ……／ひとこと言わせて	60
あっという間に	61
かご	62
どこまでも／狩りのやりかた	63
センチメンタル／そんな日もある	64
一緒にネムネム	65
落語を聞いた	68
新兵器	69

実行のとき	70
感じわるい／演技磨いてます	71
ぴったり！／戦闘態勢？／突撃せよ！	72
お気に入り／しょんぼり……	73
踏まれてしあわせ 1	74
一念発起／隠れ上手	75
メリークリスマス	76
事件発生！／誰だ？	77
しあわせは頭の上から／しわす……？	78
ねえたん、来ない……	79
お正月	82
宴会にそなえて	83
何食べた!? 2	84
言い出せなくて	85
踏まれてしあわせ 2／間違ってる？	86
一緒に食べよう	87
言わなきゃよかった	88
ひなまつりって？／エチケット	89
ボクが小さかったとき 2	90
ひねもすのたり	91
おわりに	92

コラム センコウのおはなし

目 見つめ合ったその日から○○の花咲くこともある	20
耳 ハッピータイムはチャイムを待ちながら	36
鼻 ねえねえ、アポロチョコがついてますよ！	50
口 がんばって、犬だって歯が命	66
しっぽ 犬猫連合軍の通信機器であり秘密兵器？	80

センパイ（豆柴♀）

2005年
9月12日生まれ
身長 72㎝
体重 6.5kg

生後2週間で私たち夫婦に見初められ、3ヶ月を過ぎた頃に我が家に。子犬の頃から臆病な一面があったが、基本鈍感力に優れ、よく食べてよく寝てよく育ちすぎて、最近二重あごが気になる。1歳を過ぎた頃に不妊手術。8歳のとき、左目の下にポチッとできものができて切除手術。

食べられるものなら何でも大好き。食べ物をくれる人も好き。日々、95％は食べることを考えている。「好きなものをおなかいっぱい食べて、お昼寝して、気が向いたらたまに散歩に行く」のが理想の生活。

ひとりっ子の甘えん坊という面倒な猫でしかも暴れん坊の甘えん坊を満喫していたのに突然猫がやってきて……。

「育猫」という共通の悩みができたことで、センパイと私はより絆が強まりました。センパイも10歳。いつまでも「子ども」だと思っていたけれど、最近では同世代感（？）が。

コウハイ（雑種♂）

2010年
9月頃生まれ
身長 67㎝
体重 4.8kg

捨てられていたところを保護され、動物愛護団体ランコントレ・ミグノンを経由し、約3ヶ月で我が家に。成長不良の極小子猫、育つかどうかも不安だったが、センパイを母として（？）スクスク成長。長い被毛のせいで巨大猫に見える。1歳を過ぎた頃に去勢手術。2015年の春先に軽い膀胱炎のような症状になり、下部尿路の健康維持用のフードを常食としている。

好きな食べ物はツナ缶（でもあまり食べたことはない）。でも何よりもセンパイが大好き。寂しがり屋だが、センパイと一緒なら平気。好きな場所は窓際。やけに芝居がかった言動や、宇宙と交信しているフシがあり、謎が多い。ある日、起きたら宇宙人に変身してたとか突然、「月に帰ります」と宣言されるとか、今後も何かが起こりそうな気がしています。

センパイとコウハイから自己紹介です

セ：みなさん、こんにちは。あたちがセンパイです。よく"豆柴"と言われるので、豆柴という種類の人間だと思っていたんだけど、途中で、犬だということがわかってきまちた。もうすぐ10歳です。"犬って、11歳で還暦なんだって"と、この前、ゆっちゃんが言ってたけど、還暦って何かな？おいしいのかな？あ、ゆっちゃんは、あたちの飼い主？っていうの？お世話をしてくれる人です。この家には、あたちが5歳のときに来た猫もいるんですよ。はい、猫、ごあいさつして！

コ：ボクはコウハイ。犬とか猫とか、よくわからないというか、気にしてニャいの。あ。ごあいさつは、こんちくわ！5歳だよ。ボクは捨てられてたんだって。でも、あんまり覚えていないの。気がついたら、この家にいて、センねえたんがいたのよ。

セ：この家には、ゆっちゃんとけんごさんという人がいます。たぶん、人間。毎日、ごはんをくれるけど、散歩にも連れて行かれたりして……。まぁ、いろいろあるけど、この家での暮らしは気に入っていました。だから、猫のコウちゃんが来たのは、あたちにとって、青天の霹靂。"あたちがいるんだから、それで十分じゃない？"って思ったものです。

コ：でも、ねえたんはやさしかったよ。最初はあんまり怒らなかったし。

セ：そりゃそうよ。だって"いつかはどこかに帰るんだろうな"って思っていたもの。なのに帰る気配がないし、そればかりか、ゆっちゃんが"子猫育ては大変だけど、みんなで仲良く暮らそうね"なんて言い出して。はっきり言って、ぶっ倒れるかと思いまちた。

コ：しょっかー。ねえたんは、そんなにイヤだったのね、ボクのこと……。

セ：いや、まぁ、戸惑ったというか……。一緒にいるといいこともあるわ。

コ：キャ♡　ニャに？

セ：コウちゃんが盗んだパンを食べたりとか、コウちゃんが落としたおやつを食べたりとか。あと、お留守番もひとりでいるより一緒のほうがいいかな。

コ：ぐふふふっ。嬉しいニャ〜！もっとがんばるね！

セ：寝てるときにいたずらされたりする"キーーーッ！"ってなるよ。コウちゃんが来て、この家は騒々しくなったと思う。でも楽しくなったかな。そんなこんなの、日々の出来事がこの本で発表されちゃうんだって。コウちゃんの暴れん坊ぶりに、みんなびっくりしちゃうかもね！

コ：ねえたんの食いしん坊ぶりにもびっくりニャ！ところで本ってどんな味？

08

ボクが小さかったとき 1

コ：ボクが
　　小さかったとき
　　……

コ：センねえたんは、
　　寝てばかり
　　いました

コ：近づくと
　　やっと起きて、
　　困ったような顔
　　でボクを見たの

コ：そして、
　　はじめて
　　チューして
　　くれたんだよ！

あの日から センねえたんが 大好きよ♡

かぶりもの

セ：最初は
　ブランケットに
　巻かれて……

セ：次に
　「あら、ロシア
　のおばあさん？」
　なんて言われて

セ：その後
　エスカレートして、
　こ、これは
　いったい……？

コ：ねえたんはまだ
　いいニャ。
　ボクなんて
　いきなりコレよ！

マダム風？ 意識しました 桂由美

ねえたんの教え

善悪を からだで覚えて 今がある

コ：センねえたんを
　　噛んだら……

コ：噛まれました

コ：噛まれたので、
　　また噛みました

コ：そしたら
　　また噛まれ。
　　噛まれた数だけ
　　大人になりました

相談室ごっこ

「食べたいの！」その一心で生きてます

コ：こちら相談室ですニャ。
　　次の方、どうぞー！

セ：はーい、
　　あたちでーす

セ：あたち真剣です。どうやったら、
　　人間と同じものを食べられますか。
　　あたちにはドッグフードばかり。も
　　う我慢も限界です……

コ：はぁ〜？
　　くっだらニャ！！

犯人は誰だ

ごめんニャさい　我慢できずに　食べちゃった！

おむすびのてっぺんが一口、
食べられていました。

セ：ええ、
　　あたち見ました。
　　見間違える
　　はずはありません

コ：たしかに、ボクも見たような
　　気がするニャ……

そう証言して
地下に潜る
コウハイであった。

天使 or 悪魔

セ：コウちゃん、
　　寝てると
　　かわいいなぁ。
　　まるで天使ね

コ：ねえたん、
　　何ひとりごと
　　言ってるのニャ？
セ：あ、起きた……

コ：ねえたん、
　　腹へったー！
　　なんか
　　ちょうだいーー！
セ：げっ、さっきの
　　間違い。
　　やっぱり
　　悪魔だわ！

コ：ねえたん、
　　行っちゃった
　　……

悪魔でも 寝顔は天使 コウハイちゃん

春は眠いニャ

コ：むにゃむにゃ……。「春眠暁を覚えず」とか言うらしいけど、ほんとに眠い

コ：でもとりあえず起きて……

コ：ねえたんに、おはようのキッス
セ：うぐぐっ

コ：そして、また寝ます

眠たくて からだが溶ける 春だもの

はじめてのケーキ

初ケーキ きっと一生 忘れない

ある日、ともだちの
マービン家のパーティに
お呼ばれしました。

セ：このとき、とってもおいしそうな
　　ものがあって……

セ：「センちゃんもどうぞ！」
　　って言われて、
　　夢中で食べたの！

セ：「あれがケーキというものよ」と
　　そっと教えてくれたマービン姉さん。
　　また食べさせてね☆

バレてた……

ねえたんに かまってほしくて 死んだふり

コ：くぅ～～、
　　ねえたん助けてくれ～～！
　　バタッ！

セ：はーい、ここに
　　死んだふりしてる
　　猫がいまーす！

セ：コウちゃん、
　　いつまでやってんの～？
　　付き合いきれないワン！

コ：ねえたんは
　　何でもお見通し
　　だニャ……

15

打たれ弱い

センねえたん 図太いくせに ナイーブね！

セ：コウちゃん、あーそーぼー！

コ：ボク、今は遊びたくない気分ニャのよ！
セ：え〜。勇気を出して誘ったのに……

コ：あれ？ねえたん暗くなっちゃった。ボク、何か悪いこと言った？

コ：すぐ落ち込んで、フテ寝するセンねえたん。温室育ちはこれだから困るニャぁ！

小さなお願い

おこぼれを 欲しがるセンちゃん プライドは？

コ：むしゃむしゃ……。おいしいごはんだニャ！

セ：コウちゃん、今日もお願いね……

セ：コウちゃん、1粒でいいの……

セ：コウちゃん……（泣）

16

つなげてみました

1本のリードで2匹を
つなげてみました。
セ：ゆっちゃん、
　　いったいこれは
　　何の罰ゲーム？？
コ：ニャニャ……？

セ：……
コ：あれれ、
　　ねえたん
　　固まった。
　　顔引きつってる
　　し……

コ：ねえたん、
　　早く来いニャ！
セ：……

センパイがコウハイ
の自由行動を
阻止してくれるかと
思ってつなげたのに
結果はその逆と
なりました。
センパイ、
落ち込んでます……。

困ったな　2匹8脚　難しい

どうぞこのまま

コウハイは 食べるの 遅くて じれったい

セ：朝のお楽しみ、
　　これからヨーグルトを食べます

セ：コウちゃん、いつまで食べてんの？

セ：ちょっとコウちゃん！
　　そこ、どきな！

セ：あぁ、おいしいわぁ。
　　この時間がずっと続きますように……

緊急会議

何よりも ごはんは 大事 生きがいよ

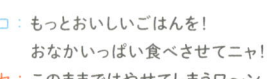
セ：困ったワンねぇ……
コ：ボクらのごはん問題ニャ……

コ：もっとおいしいごはんを！
　　おなかいっぱい食べさせてニャ！
セ：このままではやせてしまうワ〜ン

コ：よし、ボク、ゆっちゃんに
　　直訴するニャ！
セ：頼んだワン！
　　しっかりね、コウちゃん！

コ：や、やっぱり、言えニャい……
セ：はーーーっ、つ・か・え・なーい！

鬼ねえたん

コ：カリッ、カリッ、ペッ！

コ：カリッ。ボクは今、段ボールをちぎる労働というものをしているのニャ

コ：親方さまがじっとこっちを見ているニャ……

セ：コウちゃん、もっとがむしゃらに！

セ：猫でも馬車馬のようによ！

コ：ひっ、ありは鬼だニャ……

ねえたんの 視線が怖い がんばります

センコウのおはなし

目

見つめ合ったその日から ○○の花咲くこともある

バスケットの蓋を開けると、中から小さな毛玉がむにゅむにゅと這い出てきました。「キャ〜」と声をあげる私の横で「ん？ 何事か」とセンパイも覗き込み、そのとき2匹の目と目が合って……。はじめて見つめ合ったのです。

コウハイが我が家にやってきた夜のこと。オットも私もいて、他にも何人かいたけれど、その中の誰でもなく、一番最初にセンパイをまっすぐに見て、声を出さずに「ミャオ」と口を動かした子猫。それがコウハイでした。毛に覆われた自分と似た生き物を見たとき、コウハイは嬉しかったかな？ 「刷り込み」ではないけれど、そのときから、コウハイはセンパイに忠誠を誓ったかのように思えます。

とはいえ、そのままよいしょよいしょとセンパイの背中に登り、頂上で「こてん」と寝てしまったコウハイ。センパイにとっては最悪のシチュエーション（38ページの写真がそれです）。そのときのセンパイの目！「ゆっちゃん、助けて！ これは何なの???」。キラキラのおっとりとした丸い瞳が、このときばかりは困ってしまって少し涙目になっていました。

20

センコウのおはなし

あれから4年半。今もコウハイはセンパイをまっすぐに見つめています。結婚披露宴のスピーチで「恋人同士のときはお互いを見つめ合って。夫婦になったら、ふたりで同じ方向（目標）を見て」と聞きますね。センパイとコウハイは夫婦ではないけれど、2匹が同じ方向を向くときもあるのです。

それはリビングで誰かが何かを食べているとき。テーブルで食べているときははじめからあきらめていて、あまり反応しないのですが、ソファでだらだらとモノを食べるのが好きなので、仕事の合い間などに「ねえねえ、食べるの？」「クレクレ、クレニャ～！」、わらわらとセンパイとコウハイが集まってくるのでした。一口食べて、センパイを見ると「ちょっとでいいからちょうだい！」、コウハイは落ちてきたら逃すものかと、私の膝に乗ってゴールキーパーの構え……。

結局どうにも食べにくくなり、いつもパクパクパクと食べ急いでしまうことになるのです。本当は、味わって楽しみながらゆっくり食べていたいのに。

見つめ合ったその日から、恋の花咲くことはなかったけれど、あのときから2匹は、親子で姉弟（きょうだい）、親友でライバル、師匠で弟子。支え合い、刺激し合って暮らしています。

よくわからない

セ：最近、コウちゃんとベッドの区別がつかなくて困っています。今もよくわからない

セ：まぁ、これはだいたいわかるけど

セ：ベッド？　と思ってじーっと見たらコウちゃんで……

コ：そんなわけニャいと思うんだが……？

老眼って 犬にもあるの？ 不思議だな

ごきげんななめ?

セ：コウちゃん、あなた最近なれなれしいと思うんだけど……

コ：そんなことニャいよ。いつも適度な距離を心がけているニャ

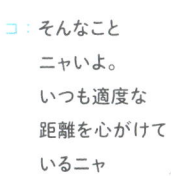

コ：ちえっ、いけすかないねえたんニャ

コ：ねえたんのばかーーーー！

セ：フン！聞こえてるわよ！

ケンカして それでも離れず いるふたり

23

いってらっしゃいのごあいさつ?

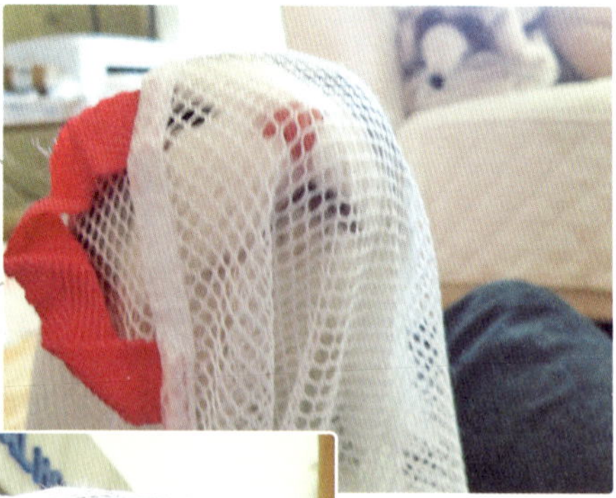

「オコジョ……?」と思ったら。

洗濯ネットに入れられて、動物病院に行くコウハイでした。

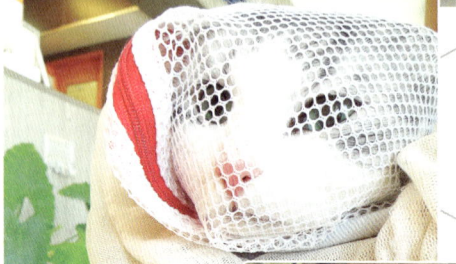

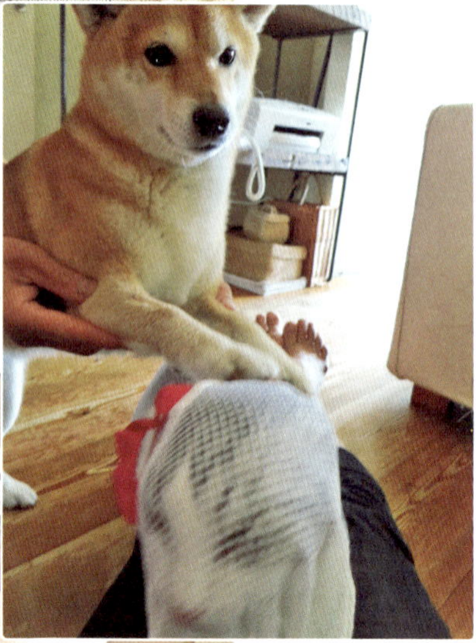

センちゃん、コウハイに「いい子でいってらっしゃい」してあげて！
セ：えっ？

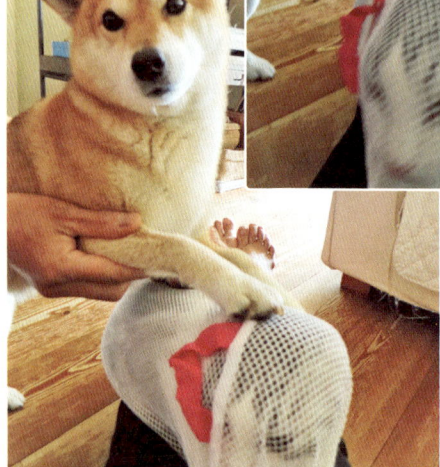

セ：みなさん、これはヤラセというやつではないでしょうか……

ヤラセでも いい子されるの 嬉しいニャ♡

おいしいプレゼント

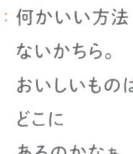

セ：コウちゃん、
　　何かおいしい
　　ものを
　　たらふく
　　食べたいワンねぇ
コ：ほんとだ
　　ニャぁ〜

セ：何かいい方法
　　ないかちら。
　　おいしいものは
　　どこに
　　あるのかなぁ
コ：……

コ：ねえたん、
　　この世で
　　一番おいしい
　　ものはね……
セ：……

ねえたんの 耳はねえたん 食べられニャい

コ：ねえたんの
　　耳なんだ
　　よーーー！
セ：きゃぁ〜！

見たな〜！

怪しい何かが
ふとんとふとんに
挟まれて……。

セ：はっ！ ここに
いるのはっ！

コ：ふぁふぁふぁぁ
あ〜〜〜ん♡

コ：はっ！ ショック。
油断してた
ところを
見られちゃった
……

極楽の ふとんの中で 気がゆるみ

何食べた!? 1

大胆な コウハイ見習う センねえたん

コ：いいもの見っけ！
　　大漁ニャ！

コ：やっべ、
　　見つかった！

コ：こんなときは急いで
　　飲み込むニャ！

セ：コウちゃん、大胆に
　　やったわね……
コ：ねえたん、何事も
　　トライすることが
　　大事だニャ！

コウハイの1日

猫は寝子 ほんとにそうね かわいいな

寝てます。

目を開けてるけど
寝てます。

薄目で寝てます。

起きました。

27

人の気も知らないで

ねえたんを 見守る気持ち 空回り

コ：えっへん！
　　ねえたんが寝ていますので、
　　ボクがそっと見守っています

セ：は〜、
　　そーゆーのウザい
　　んだワ〜ン

コ：ねえたん、
　　今、ニャんて……？

コ：がーん……。
　　落ち込むわー

悪態

ロゲンカ 仲良く暮らす スパイスよ

セ：なぜコウちゃんが
　　入ってるのかちら、狭いわー

コ：ねえたんこそ、
　　場所取りすぎ
　　ニャ

セ：あたちが、先にこの中に
　　いたんだから、あたちを優先する
　　べきだと思うの！
コ：ちぇっ……

コ：はいはい、わかりましたよー。
　　世話の焼けるねえたん、
　　少しやせろや！

夢の中で

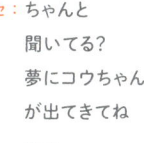

セ：コウちゃん、さっき夢の中でね……
コ：……

セ：ちゃんと聞いてる？夢にコウちゃんが出てきてね……
コ：……

セ：やだ。コウちゃん、まだ寝てるのね

コ：ねえたん、夢の中で遊んでくれてありがとう。チュ！

手をつなぎ 寝たら夢でも 会えるかな

おしりモソモソ

ねえたんの しっぽはボクの 抱き枕

セ：ん〜〜、なんだか〜……

セ：おしりが モソモソ、かゆいような〜……

コ：ぐふふふ……。ねえたんのしっぽの上で寝るのが好きニャ！

セ：おならしちゃおっかな〜。ネムネム……

ただいま入浴中

叫んでも 来ないコウちゃん 頼りない

セ：コウちゃん、SOS！助けて！

コ：ニャニャ！ねえたんがピンチのようだ

セ：あぁ……。コウちゃんが助けに来ない

セ：アヒルじゃ役に立たないワン……

お風呂当番

コ：今日はボクが
お風呂当番
ですニャ

コ：湯加減は
どうかニャ〜？

コ：おっと、大変！
アヒルさんを
助けなきゃ！

コ：アヒルは
溺れたんじゃ
なくて、
泳いでいたそう
でニャんす……

お風呂には アヒルが１匹 暮らしてます

31

あたちの猫歴史

セ：はじめて猫という生き物を見たのは1歳のときでちた

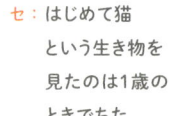

セ：それから散歩中に公園で会ったり……

セ：道ばたで、こんなイケメンに出会ったり。あの頃は、想像もしていませんでちた……

犬生は わからないから おもしろい？

セ：……こんな暮らしになるなんて……

関所

関所2こ　お出かけ審査　厳しいぞ

セ：おや。ゆっちゃん、
　　お出かけですか……

セ：そっちがその気なら〜。
　　コウちゃーん、準備はいい？

コ：合点ニャ☆

セ：どこ行くの？
コ：帰りは何時ニャ？

お恵みを……

軽く無視　センねえたんは　クールだな！

コ：は〜っ、
　　おなかすいたニャ〜

コ：通りすがりのお方、
　　何かお恵みをくれニャ〜
セ：……

コ：無視された……

コ：ニャに
　　見てんだよ〜ぅ

ただいま修業中

プリンセス テンコーの弟子 センコウです！

コ：箱の中に
　　消えてみたり……

コ：箱から脱出してみたり……

コ：箱にぎゅっと詰まってみたり。
　　イリュージョンの修業中ですのニャ

コ：ねえたんも一緒にやらニャい？
セ：お断りします

コウハイレポート

ありのまま レポートするのが 信条です

コ：レポーターのコウハイです。
　　ここにマグロがころがっています

コ：さっそく、試食してみましょう。
　　ガブリ！

セ：ちょっとコウちゃん、
　　失礼な！
　　何言ってくれちゃってんのよ？

コ：あらー。
　　ねえたんマグロ、不細工な顔を
　　してますニャ〜

一発芸

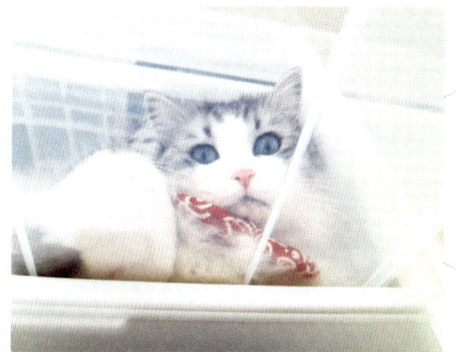

コ：高いところから
　　失礼します

コ：最近、この
　　クリアケース
　　というお部屋が
　　気に入って
　　ますのニャ

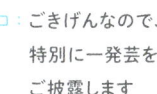

コ：ごきげんなので、
　　特別に一発芸を
　　ご披露します

コ：アンモニャイト！

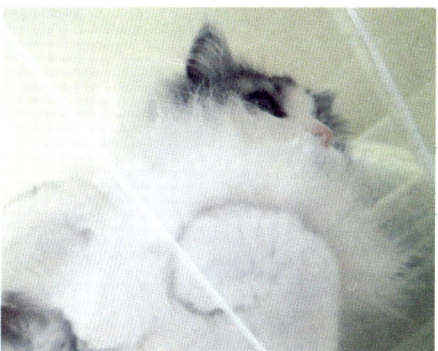

気分はね　雲上猫だよ　いい気持ち

センコウのおはなし

耳

ハッピータイムはチャイムを待ちながら

センパイとコウハイの食事は日に2回。センパイが来たときに「子犬には規則正しい生活をさせたほうがいい」と聞き、とりあえず夕食を5時に決めました。「5時には町内のチャイムが鳴るので、忘れずに済むかな」と、軽く考えてのことでした。センパイは、幼い頃から「あれが鳴ったらごはんだ！」と、チャイムの音を覚え、1日の大半をチャイムを待って過ごしていました。大袈裟ではなく、もうすぐ10歳になる今でも、3時半を過ぎると耳を澄まして、チャイムが聞こえてくるのを待ちながら過ごしているのです。なんと待機時間の長いこと！

4時を過ぎると「もうすぐね」と思うのか、「ボールしよう」の誘いにも乗ってくれません。緊張気味に頭を少し傾けて、聞き逃さないよう一生懸命。風に乗って届くかすかな音さえキャッチして、チャイムの音が1秒でも早く聞こえるようにと、耳をピンと伸ばし、窓際に座って。世界的に有名な「ビクター犬」、あの姿にちょっと似ています。夏になると、5時の夕食は早いような気がして、食事時間を遅らせようとあれこれ試みました。しかし、あのチャイムをやり過ごすなんて、センパイ相手には無理な相談なのでした。

センコウのおはなし

コウハイがやってきたときには、すでにそれが日課になっていたので、コウハイもセンパイにならい、当たり前のように5時のチャイムを待つように。5時が近くなるとコウハイは、私のそばとキッチンを行ったり来たり、そわそわそわ。私が気にせずに仕事をしていると、パソコンの横にぴったりくっついて座り「ねぇ、そろそろだけど、わかってる？」と言いたげな背中をこれ見よがしに突き出して。ただひたすらに、耳を澄まして5時を待つセンパイの実直さに比べて、コウハイはあれこれ考え工夫する策士。

さてさて。いよいよチャイムが鳴りますよ！ 2匹の緊張感が高まる。と、「ニャ、ニャー！」と先に反応するのはコウハイ。そして、ワン（！）テンポ遅れてセンパイも負けずに「ワワ〜ン！ 鳴ったよー。チャイムが鳴ったよー！」と喜びが大爆発。2匹にとってこの瞬間が1日のクライマックス。なのに、あんなに待っていたのに、センパイは秒殺で完食。コウハイも5分くらいで食べ終える。ああ、アホでかわいい生き物たちよ。

2匹が落ち着いた頃、「ちょっとおなかがすいたな」、私もおやつを食べようと菓子袋をカサカサッとさせる。途端に「何食べるの〜！ ちょうだいちょうだーい！」。今度は私のところに素っ飛んでくるセンパイとコウハイ……。おいしそうな音をキャッチするために、今日も2匹の耳は、レーダーのようにクルクルとよく動いています。

コウハイが来たとき

コ：こんばンニャ〜
セ：これが、
　　コウちゃんとの
　　出会いの瞬間
　　でちた

セ：いきなり背中で
　　寝られちゃって、
　　あきれて言葉が
　　出なかったワン

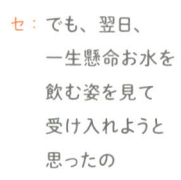

セ：でも、翌日、
　　一生懸命お水を
　　飲む姿を見て
　　受け入れようと
　　思ったの

セ：だって、あたちも
　　子犬だったことが
　　あるんだもん

思いやり　寄せ合いみんな　しあわせに

ケンカを売る

コ：ねえたん、
　　ここで会ったが
　　100年目だニャ
セ：は、い？

コ：うまそうな耳だ、
　　がぶり！
セ：きゃ〜っ！

コ：ねえたん、
　　親の仇だ
　　覚悟ー！
セ：ひーっ、
　　なんで急に
　　仇討ちに
　　なるのよー

コ：ねえたん、
　　仇討ちとはいつも
　　突然だニャ！
　　バシッ
セ：納得できない、
　　ワ、ン……

ケンカって 売られるほうは 楽じゃない

追っかけ

コ：うりゃぁ〜
　　捕まえたぞ〜
セ：……

セ：ちょっと
　　コウちゃん、
　　あたち忙しいの。
　　邪魔しないでよ！
コ：うっ

コ：しょぼん……。
　　叱られたニャ

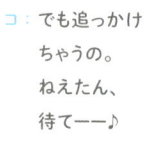

コ：でも追っかけ
　　ちゃうの。
　　ねえたん、
　　待てーー♪

叱られた それも嬉しい コウちゃんです

今のうちに！

コ：ミルク、
　　おいしいニャ！
セ：あたちは
　　お姉さんだから、
　　お皿が
　　大きいのよ

セ：コウちゃんの
　　ミルクも
　　飲みたいなぁ〜
コ：ねえたんの
　　視線が熱くて
　　飲みにくい
　　ニャぁ……

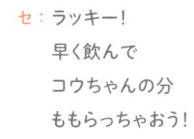

セ：ラッキー！
　　早く飲んで
　　コウちゃんの分
　　ももらっちゃおう！

コ：ねえたん、
　　ひどい……

ほんとはね ふたりで飲むから おいしいの

ねえたんストーカー

高いところから、いつも見ているのはセンねえたん。

外をうかがっているようなふりをして、背中ではちゃんとねえたんを見ている。

ときにはこんなに近くから……。

物かげからもそっと……。コウハイがどこにいるかわかりますか？

しあわせよ!! ねえたんがいて ボクがいる

42

今夜の計画は

コ：はぁ〜ヒマだニャ。
　　ひと暴れしたい気分……

コ：まずは
　　ワイルドに腹ごしらえして……

コ：みんなが
　　寝静まった頃に……

コ：ねえたんを襲撃します！

センパイちゃん　背後があぶない　ご用心

お告げ

セ：まだかちらー

セ：ねぇねぇ、
　　もうそろそろだと思うんだけど……

セ：さっきお告げがあったの。
　　神さまが、ベランダいっぱい
　　鶏のササミをまいてあげます、って

セ：あ、あれかな！
コ：ニャんと！

センねえたん　食べることには　夢見がち

43

今日という今日は

セ：コウちゃん、
　　ちょっと待って！
コ：ニャ……？

セ：今日という今日は言わせて
　　もらうわよ。あなたの食事の仕方が
　　気に入らないわ！

セ：あたちに分けようという
　　気持ちが足りないと思うわよ！
　　反省しなさい！
コ：むぅ……

セ：ふん！　あたち、
　　ガツンと言ってやったワン！
コ：納得できニャい……

食欲が　正義なのだと　センねぇたん

お風呂ぎらい

セ：最初は湯船に
　　入れられて

セ：シャンプーで
　　ごしごし……

セ：そのうえ、
　　頭上からシャワーを
　　ジャー！

セ：これじゃぁ、
　　お風呂ぎらいになると思わない……？

シャンプーを　したいのならば　おやつくれ！

待てー！

セ：待てー！
　　あなたは誰です
　　かーーー！

私たちはフェレット
というものです！

セ：まぁ、素敵な
　　カップル！

私たちとおともだちに
なってください！
セ：喜んで！
　　では、何か
　　おいしいおやつ
　　くださいな
　　……

おともだち　与え合いましょ　あなたから

来年の抱負

来年は バレエ王子を 目指します☆

コ：やってみようかと
　　思っていることが……

コ：実はあたためて
　　いたことがあって……

コ：ねえたーん、ボク、
　　来年から習い事をしようと思うのよ
セ：へぇ〜、いったい何が
　　したいの〜？

コ：じゃ〜ん、
　　クラシックバレエ！
　　これ5番ポジション

気持ちいいのは……

ぽかぽかよ おひさま 今日もありがとう

セ：おふとんで
　　寝るのって
　　サイコ〜♡

コ：不肖コウハイ、4歳にして
　　おふとんに目覚めたのニャ

セ：実は、今までは
　　センねえたんに
　　遠慮してたのよ

セ：でもね、どんなおふとんよりも
　　おひさまのほうがあったかいよ♡
コ：ほんとだニャ〜♡

大きいベッド

セ：なんであたちが
　　小さいベッド
　　なのかちら〜
コ：ZZZZ……

セ：つらいわー

コ：みんなにだけ
　　こっそり
　　教えるニャ！
　　これ、ねえたんの
　　ダイエットに協力
　　してんのよ。
　　ベッドが窮屈だと
　　"やせなくちゃ"
　　って思うじゃん？

コ：順番待ちして
　　横で立ってる
　　ときもあるよ。
　　これもダイエット
　　作戦ニャ。
　　けけけ☆
セ：つらいわー

なんちゃって 大きいベッドは ボクのもの☆

47

コウハイコワイ

コウちゃんは 夜叉(やしゃ)か妖怪 昼3時

セ：最近、
　コウちゃんは
　お化けに
　変身するときが
　あるんです。
　今日もそろそろ……

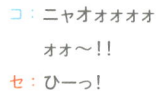

コ：ニャオォォォォ
　オォ〜!!
セ：ひーっ!

セ：あたちは怖くて、
　思わず目を
　つぶり……

セ：死んだふり
　することに
　しています

48

ヘイ、タクシー！

レッツゴー！ 乗車拒否など 許さニャい

コ：にょ！　よし、
　　うまくタクシーに乗れたニャ

コ：運転手さん、
　　リビングまで行っちゃってー！

コ：今度は大型タクシーに乗ったニャ。
　　ヘイ、ちょっとそのへん
　　走ってくれ〜

セ：コウちゃん、
　　あなた以外のみんなが迷惑して
　　いるんですよ……（どんより）

白昼夢

センコウは ジューシー＆スパイシー

セ：コウちゃんの寝言がうるさくて、
　　お昼寝できないワン！

コ：ねえたん……

セ：コウちゃん、
　　おかしなおしゃべりしてたよ。
　　いったいどんな夢見てたの？

コ：ねえたんと、肉まんの具に
　　なった夢を見ていたのニャ……。
　　皮の中でしあわせだったニャぁ

49

センコウのおはなし

鼻

ねえねえ、アポロチョコがついてますよ！

「缶詰がないのなら、カリカリを食べればいいのに」。マリー・ニャントワネットならそう言う？　普通、猫は気まぐれに食事をするそうで、留守の多い家では、カリカリ（キャットフードのこと）は常にどこかに置いておいて、家人がいるときにおやつ代わりに食べるのがカリカリだと。つまり、小腹がすいたときにおやつ代わりに缶詰などのごちそうを食べさせるのだとか。

そのことを教えてくれたのは、長年、猫と暮らしているともだち。彼女がうちに遊びに来たときに言った「あ。猫のカリカリを出しっ放しにしてないんだね。あの匂いって、部屋に残るものね」。

たいていのドライのキャットフードには、食いつきをよくするために、猫たちが喜びそうな匂いがついているのです。それが人間には独特で強烈に感じたりもする。そして、ドライフードを部屋に出しておくと、その匂いが部屋全体の匂いのようになるので、友人はそのことを言っていたのです。

50

センコウのおはなし

コウハイは、出されたものはそのときに完食する派。ゆっくり、だけど食い意地を感じさせるしっかりとした食べ方で、お皿がきれいになるまで何も残さずに食べます。これもセンねえたんをお手本に暮らしているからなのか、猫というよりも犬っぽい食べ方。なので、我が家では、カリカリを出したままにしたことがなかったのでした。

そんなことを顧みて、ふと思い出したのは、コウハイ史に刻まれてきたおびただしい盗み食いの武勇伝。カレーパン、クリームパン、トマト、そうめん、ほうれん草のおひたし、豆腐にしらたき……。「え？ 猫がしらたき？」、そうお思いでしょうが、事実なんですよ（泣）。この中で、匂いに特徴があるのはカレーパンぐらい。つまり、コウハイは匂いにはこだわらないのです。まぁ、何かにつけてコウハイはマイノリティ。食の好みも変わっているんですね。

唯一、猫らしい嗜好といえば、ツナ缶くらい。プシュッと缶を開けた瞬間に、家の中のどこにいてもキッチンまで駆けつける。これにはさすがに鼻がききます。それはまるで呼び出すとどこからともなく姿を現す忍者のごとし。「おお、コウちゃん。ツナ缶に反応したのね？　まるで猫みたいだね！」と私にからかわれ憮然、というオチなのだけれど。

そういえば、コウハイは子猫の頃からいびきをかくのです。チャームポイントのアポロチョコのようなピンクの鼻をピクピクさせながら「ふが〜、ふが〜、ふが〜」。コウちゃん、鼻炎ですか？　だから匂いにはあまり敏感じゃないのかもしれないな。

もういいかい？

セ：もういいかーい
コ：まあだだよー

セ：そろそろほんとに、
　　もういいかーい！
コ：まあだだよー！

セ：コウちゃん、
　　いつまで待たせる
　　気かちら……

コ：あ、隠れる前に
　　パトロールして
　　こようかニャ！

気まぐれに 付き合うセンちゃん お疲れさん！

言いたいことは

コウハイの 辞書に 「反省」 文字は なし

セ：コウちゃん、今日こそは日頃の悪行を反省しなさいよ、え？

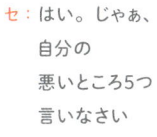

セ：はい。じゃぁ、自分の悪いところ5つ言いなさい
コ：うむぅ

コ：ねえたん……
セ：何？　やる気？

コ：ポカッ！　上から言われたら上からやり返す。ボクの悪いところは、こんなことをするところですニャ！

さくらんぼ

セ：さくらんぼ、
　　大好き！
　　いい子で
　　"マテ"するワン！

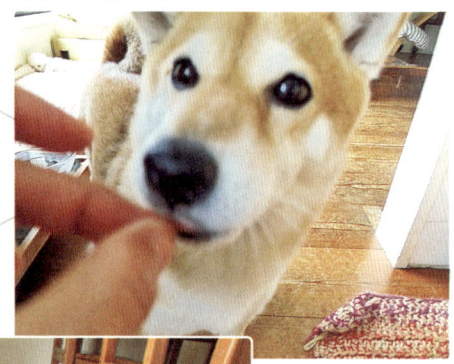

セ：むは！
　　おいしいな〜！

セ：マテしますので、
　　オカワリ
　　お願いします

セ：あ〜〜〜っ！
　　（泣！）

なんてこと！ 横取りコウちゃん 許せない

真夏の出来事

セ：はっ！
　　こ、ここはっ！

セ：だめだめ、
　　帰る！
　　帰ります！！！

セ：ほら〜、
　　こうなることは
　　わかっていたの
　　よ……
　　（どよ〜ん）

知らないの？ 水が苦手な 犬もいる

セ：もう誰も
　　信じない……！

今年もそろそろ

コ：あっちーし、
　　何もやる気
　　しニャい……

セ：ということで、
　　今年もそろそろ
　　お願いします
コ：そーだー！

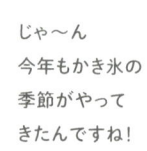

じゃ～ん
今年もかき氷の
季節がやって
きたんですね！

よ～い、スタート！

待ってたよ！ 涼を頬張る かき氷

スイミング2014

もう嫌よ 犬かきしたけど 進まない

セ：ある日、あたちは知らない人に抱っこされたんです

セ：水の中で突然放されて……。死ぬかと思いまちた

セ：必死で泳ぐあたちを、タヌキみたいってみんなで笑って……

セ：それが心を閉じた瞬間です。悪い夢でも見ているようでちた……

ボクにもください！

しあわせは アイスの棒の 甘さかな

セ：アイスの棒があったよー！おいしいなー
コ：むむむっ……

コ：ねえたん、ボクもペロペロしていいの？

セ：あ、落ちちゃった……

コ：アイスの棒、ボクにもくれニャ！
セ：アイスはあたちに……！

夏のおともだち

ともだちと 待ち合わせする 夢の中

コ：はっ！

コ：待てーー！

コ：キミは誰ニャの……？
　　おともだちになろうね

コ：むにゃむにゃ。
　　あの子、今度はいつ遊びに
　　来るかニャ〜

涼しいところ

涼しさを 訪ねて眠る 夏座敷

セ：テーブルの下は
　　涼しいのよ！

コ：そんなこと、ボクも知ってるのニャ！

セ：玄関も風が通って
　　涼しいのよね……

コ：窓際も涼しいニャ！
セ：それ、やせ我慢だと思うわー

ほんとかな？

セ：「バッグの中に おやつが あるよ」って 言われたけど……

セ：ガーーーン！ 何も入って ないじゃないー！ なんてことが あったっけ……

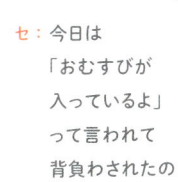

セ：今日は 「おむすびが 入っているよ」 って言われて 背負わされたの

セ：おむすびって、 こんなに冷えて いたかちらーー

おむすびと 思って背負うは アイスノン

そろそろ……

セ：スースースー
コ：ムニャムニャ……

セ：まだかちらねー

コ：そろそろかニャー

コ：ねえたん、夏が過ぎるのは
　　いつかニャぁ？
セ：きっともうすぐ。秋は、
　　寝て待つに限るわ

昼寝して いる間に過ぎゆく 残暑かな

ひとこと言わせて

不思議なものが
落ちていました……。

まるで壁から
飛び出して
きたような……。

あらら、コウハイでした。
何か言いたげ。
ズーム、イン！

コ：いつまでも、
　　あっぢぃ
　　ニャーーー！

縁側に 行き倒れ猫 夏深し

60

あっという間に

セ：小さくて
かわいかった
コウハイ……
コ：ニャニャ……？

セ：そのうちに、
寝ているところ
に乗られ……

セ：寄りかかられ
……

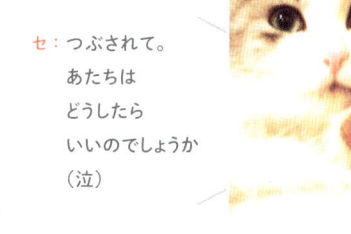

セ：つぶされて。
あたちは
どうしたら
いいのでしょうか
（泣）

ベッドにも ソファにもされ 泣きっ面(つら)

かご

コ：ゆっちゃんが
　　ボクをかごに
　　入れたニャ！

セ：あたちも
　　入れられました
　　……

コ：かごって、
　　ふたりで入ると
　　楽しいニャ♡

セ：でもちょっと
　　狭いね！

センコウも ゆっちゃんも好き 手編みかご

どこまでも

干し芋の 匂いに誘われ どこまでも

コ：ここは冷蔵庫の上ですニャ。
何やら胸騒ぎがして
思いきって登ってみたの

コ：おっ！
あそこに怪しい箱があるニャ！

コ：そぉ〜っと近くまで……。
ほら、これ！
お宝箱ニャ！

コ：みんな、読める？「いも」って
書いてあるでしょ！
誰？「コウハイホイホイ」
なんて言ってるの！

狩りのやりかた

おむすびは 夢と希望の かたまりよ！

昼下がり、遅めの昼食の
準備中……。

コ：キラ〜ン☆
獲物発見！

コ：慎重に〜
回り込んでぇ〜〜！

コ："ダイレクトには近づくな"
これが狩りのセオリーだニャ！

センチメンタル

名演技 してるつもりの コウハイちゃん

コ：ねぇねぇ

コ：雨がすごいねぇ！

コ：ねえたん、
　　今頃どこにいるのかなぁ……

セ：ここにいるっちゅうねん。
　　コウちゃんのお芝居ごっこには
　　付き合っていられないワン！

そんな日もある

まぁいっか そんな日もある 犬だもの

セ：カメラを向けられ
　　「笑って」と言われても……

セ：あの、
　　なんだか……

セ：笑いたくない日も
　　あるんだよーーーっ!!

セ：って、言ってはみたけど、
　　言わなきゃよかったかな、
　　なんて……

64

一緒にネムネム

コ：やった！
ねえたんと
一緒だニャ♡

コ：暖かくて
嬉しいニャ〜♡

セ：相変わらず
コウちゃんの寝相は
自由すぎるワン〜

セ：コウちゃん、
巻き込み
注意よ☆

コウハイは 寝ても起きても 自由です

センコウのおはなし

がんばって、犬だって歯が命

晴れた日、鎌倉の住宅街。センパイは機嫌よく散歩をしていました。「ここ！ センパイ、今日は、この家に用があって来たんだよ」。私の声を聞いたセンパイは「あ！」と気づき、「うそうそ！ 違うよね。ここじゃない。ここには入りませんから」ときびすを返した。覚えていたのね。この前来たのは7ヶ月ほど前のこと……。

ここは、犬の歯石を無麻酔で取ってくれる先生が出張してくるサロン。今日はセンパイの歯石を取ってもらおうと数ヶ月前から予約をしていた。今回で2回目。いつもなら大好きな芝生の庭も、今日は足取り重く。つつじの陰からそっと中をうかがうセンパイを「センちゃん、この前もほめられたじゃん。今回も楽勝だよ！」と元気づけ、なだめすかして抱き上げ、「よろしくお願いします」と先生にバトンタッチ。飼い主が一緒だと甘えて逃げたり、暴れてしまう可能性があるので、施術室に私は入れない。ときどきドアの外からようすをうかがうと「センパイちゃん、いい子ねぇ～。えらいわねぇ！」「さっきはちゃんとできたでしょ。今できないのはおかしいなぁ～」「そうそう、そうよ。いい子ねぇ、センパイちゃん！」。先生はたえずやさしく語りかけ、ほめて

66

センコウのおはなし

ほめて、ときに少し我慢もさせて。センパイもなんとか耐えて（？）いるよう。

魂を抜かれたような顔でセンパイが戻ってきたのは約1時間後。私は「センパ〜イ！ がんばったね〜！」と大袈裟に出迎え、先生の報告を受けたのでした。「前歯が1本ぐらついています。痛くはなさそうなので、ようすをみましょう。あとは虫歯もありません。歯石もよく取れました」。そして「センパイちゃんはほめられるのが好きですね。ほめるとすごくがんばってくれます。でも今回は、歯の裏側ももっときれいにしたかったのですが"そこはダメ！"って、絶対にさせてくれませんでした」。ああ、先生はセンパイの性格を見事に把握しておられる……。

"歯は健康のバロメーター"というのは、人も動物も同じだそうで「口内を健康に清潔に保つことが長生きの秘訣」ではないかと思い、センパイにも定期的に歯石取りを受けさせることにした。回数を重ねたら「今日は歯の裏側もやっていいよ〜」とセンパイが言う日、いつか来るかなあ（いや来ない、たぶん）。

歯石を取るようになって口臭もなくなりました。はじめは躊躇したけれど、やってよかった。大満足（私が）。半年に1度くらいのペースで受けていこうと思います（センパイにはまだないしょ）。芸能人じゃなくても、というか人でなくても、犬だって歯が命☆

落語を聞いた

「やめて！」って 言われてますます やっちゃうの☆

セ：コウちゃん、
　　あたちのこと
　　噛むのは
　　やめて！
コ：ねえたん、
　　またはじまった
　　ニャ〜

セ：わかった？
　　あたちが寝てる
　　ときも
　　噛まないでよ！
コ：オ〜、ニェイ！

コ：ねえたんを
　　黙らせるには
　　これしか
　　ニャ〜い〜〜。
　　コウハイロケット
　　準備オッケイ☆
セ：????

コ：発射！
　　ガブーーーーッ！
　　落語の
　　「まんじゅうこわい」
　　を聞いた
　　ばっかりニャ
セ：ひーーーーー
　　ーっ！！

68

新兵器

コ：お！
　　こりはいいニャ！

コ：うひ！
　　ねえたんを
　　攻撃せよ！
　　ズンズンズン
　　ズーーーーー
　　ーーン！
セ：ひっ！

セ：ゆっちゃん、
　　助けて！
　　窓からあたちを
　　逃がして！

コ：次はあなたを
　　攻撃しますニャ！

突撃だ　コウハイ戦車　今日も行く

実行のとき

セ：コウちゃん、
　　例の計画、
　　そろそろ実行に
　　移しましょう
コ：ねえたん、
　　了解ニャす！

コ：えいっ！

コ：にょし！
　　あとはねえたんと
　　秋の食パンまつり
　　ニャ！

セ：コウちゃん、
　　グッジョブ！
　　またお願いね
コ：ヘイ、
　　合点ニャす☆

ねえたんに ほめられボクは 有頂天☆

感じわるい

セ：さっきのおやつ、
　　おいしかった
　　なー

コ：ねえたん、
　　また食べ物の
　　話ニャ……

セ：コウちゃん、
　　何よ、その態度。
　　感じわるいっ！

セ：フン！
　　ばかネコめ！
コ：感じわるいの、
　　どっちニャ

姉弟（きょうだい）は 鏡なのかも 気をつけて！

ぴったり！

コ：はっ、
　　ねえたんだ。
　　隠れろ！

セ：コウちゃん。
　　また新しい箱を
　　もらったのね？
　　コウちゃんだけ
　　ずるいワン！

コ：……

セ：ちょっと
　　見せなちゃい！

セ：あら！
　　この文字は
　　コウちゃんに
　　ぴったり！

センねえたん ぴったりの意味 教えニャさい

お気に入り

コ：お中元にもらったそうめんの
　　木箱が気に入って……

コ：この夏は、この箱の上で
　　寝るのが好きなのニャ

コ：でも、
　　もうそろそろ……

コ：ふわふわベッドが恋しい季節です

そうめんの　木箱に飽きて　秋を知る

しょんぼり……

セ：コウちゃん
　　中で何やってんの？

コ：ねえたん、アミアミお化けだ
　　ニャ〜〜〜！

セ：おいしい匂いがすると思ったのに
　　……。ちっともおもしろくないワン！
　　全然怖くないし！

コ：ねえたんに
　　叱られた……（泣）

叱られて　いたずら坊主の　涙かな

一念発起

憧れは 高層マンション ニャンDK

セ：みなさん。
　　今、コウハイの悩みを
　　聞いていたところです

コ：あのね、ボクね、春から
　　ひとり暮らしをしようかと思って
セ：どうぞご自由に〜！（半分寝てます）

コ：まずはバイトしてお金を貯めようと
　　思うのニャす
セ：ぐーすかぐーすか（鼻ちょうちん）

コ：最初のバイトはお風呂の見張り番。
　　バイト代ちょうだい！

隠れ上手

かくれんぼ 見つけてもらうの 待ってるニャ

コ：上手に隠れていますのニャ
　　コウちゃん、おしりが見えてますよ！

コ：今度は上手に隠れたニャ
　　またおしりが見えてますよ！

コ：今度こそバッチリ！
　　ん〜　惜しいねー！

コ：ハイ、完璧☆
　　……。

踏まれてしあわせ 1

ベッドを独占。
すやすやお昼寝
コウハイちゃん……。

そこへセンパイ登場。
気にする素振りもなく
どっしり腰を
おろして……。

ま、まさか?
見えていたよね?
こちらもすやすや
眠りはじめました。
コ：う、うぐっ……

コ：ぐるぢぃ……。
でも
このままでも
しあわせニャ♡

ねえたんに 踏まれてウキウキ コウハイちゃん

メリークリスマス

セ：コウちゃん、あたちたちもこうしちゃいられないわね……
コ：ねえたん、ニャンのこと？

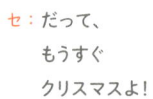

セ：だって、もうすぐクリスマスよ！

セ：ケーキ、今年も食べられるかちらね〜

コ：だニャ！まずは食べる練習しておこう〜☆

サンタさん いい子にしてたの 見てくれた？

事件発生！

ここからが 見せ場だったの つまんニャい！

コ：お、死体発見！
セ：……

コ：これはひどい。
　　恨みによる犯行ですニャ

セ：あら、コウちゃん。
　　またお芝居ごっこ？

コ：ねえたん、起きるのは
　　お芝居が終わってからにして
　　ほしいニャぁ……

誰だ？

やせ我慢 臆病なんて 言わないで

コ：むむむっ、
　　おまえは誰だ！

コ：闘うぞ、負けないぞ！

セ：コウちゃん、何やってんの？
　　それぬいぐるみよ
コ：え？

コ：ねえたん、油断しちゃだめニャ！
　　とりあえず高いところに避難……

しあわせは頭の上から しわす……？

首こりの 数だけごちそう 食べました

セ：最近、気がついたことがあるの

セ：それは、いいことは上から降りてくるということ。なので、ごはん中のコウちゃんを一生懸命見上げています

セ：このときは、上から素敵なごちそうが降りてきたのよ

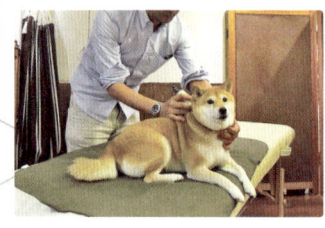

セ：おかげで、首がこっちゃって……。あ、先生、そこです、そこ！

忙しい ときこそゆっくり 深呼吸

コ：ねえたん、しわすってニャに〜？
セ：シラスの一種じゃないかちら……

コ：あぁ、あの白い小さいやつ？
セ：そうそう。ゆっちゃん、ほんのたまーに食べさせてくれるよねぇ

セ：あれ、もっと食べたいね〜
コ：その、しわすってのも食べてみたいニャぁ

セ：まずはゆっくりイメージトレーニングよ

78

ねえたん、来ない……

コ：お、いいもの見っけー！

コ：そこの通りすがりのお方、一緒に遊びませんか〜
セ：……

コ：またまたねえたんに無視された

コ：やっぱりねえたんと一緒に遊びたいニャ……

ひとりより ふたりが好きな さびしんぼ

しっぽ
センコウのおはなし

犬猫連合軍の通信機器であり秘密兵器?

センパイのくるっと右に巻かれたしっぽと、コウハイの長〜いしっぽ(実測したら33㎝ありました)が、激しく動き出すのは毎朝6時。「空腹もそろそろ限界」と、2匹が朝のごはんを催促する時間です。センパイの腹時計はスイスの高級腕時計のように正確。朝、6時きっかりに「起きて起きて!」と攻撃が開始されるのです。

朝食係のオットは、顔を舐められたりおなかに乗られたり。それは激しく執拗で、毎朝、目を覚ますまでひと騒動。深酒をした翌朝のオットは手強く、センパイもあの手この手を繰り出し長期戦となるのでした。コウハイが来てからもその習慣は変わらず、まずは「ごはん、ごはんちょうだーい!」とセンパイがしっぽを振りながら訴え、テンション高く先導し、「そうだー、おなかすいたニャー!」とコウハイが加勢するのがきまり。

しかし。最近、センパイが寝過ごすことが何度かあったのです。加齢のせい?

ある朝、私がふと目を覚まし、時計を見たら5時50分。「そろそろセンパイが起きる?」と姿を探すと、私のベッドの足元で丸くなって眠っていました。まだ起きそうもなくぐっ

センコウのおはなし

すりと。コウハイは、ベッドの横にある棚の上で香箱座り。薄く目を開けていたので「コウちゃん、おはよう」と声をかけると長いしっぽをふわ〜ふわ〜とふた振り。コウハイのしっぽをまぶたの中で見て、催眠術にかかったようにこちらもふわ〜っと二度寝しそうになったとき「どすん！」と大きな音がしたのです。何事かと見ると、しっぽを羽のように伸ばしたコウハイがセンパイの鼻先に飛び降りたのでした。それを合図にセンパイは「はっ！」と飛び起き、慌ててオットに「起きて起きて！」の猛攻撃。

しっぽは雄弁ですね。「わ！ 寝過ごしちゃった！」とセンパイのしっぽは一瞬垂れ下がったものの、すぐに気をとりなおし「コウちゃん、今日は短期決戦よ！」と、今度は高く上げてフリフリ。「ほいきたニャ！」とコウハイもしっぽを垂直に高く上げる。「あたちはおなかに乗るから、コウちゃんは顔をよろしく！」「任せニャさい！」。2匹はしっぽを上下左右にくりくりと動かして会話し、意思の疎通を図っていました。そして、極めつきはコウハイのしっぽでオットの顔を攻めるくすぐり作戦。

2匹にとってしっぽは重要な通信機器であり秘密兵器なんですね。それにしても、オットを起こす作戦、いつから共同作業になったのでしょうか。コウハイは何を思ってセンパイを起こしているのかなぁ。朝食が遅れないように？ それともセンねえたんを気遣って？ 起こしてもらうセンパイはどんな気持ちでいるのかな……。

お正月

年明けて 新たな気持ちで ニャんばるワン！

セ：お正月だから写真撮ろう、って言われて……
コ：面倒ニャね〜

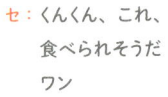

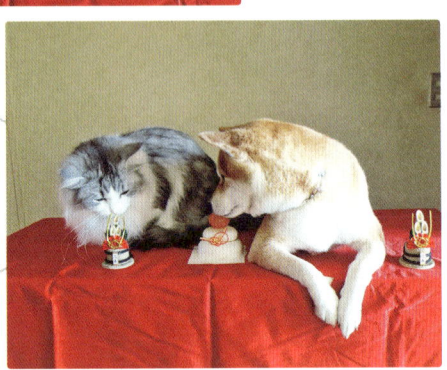

セ：くんくん、これ、食べられそうだワン
コ：え、ほんと？

セ：撮影、そろそろ飽きてきたよーーーー！
コ：これ、硬そうだけど食べられるのかニャ……

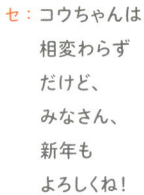

セ：コウちゃんは相変わらずだけど、みなさん、新年もよろしくね！

宴会にそなえて

誰にでも 得意不得意 あるものニャ!

セ：みなさん、
これから
コウちゃんが、
あたちが教えた
モノマネを
します。
3、2、1、ハイ!

コ：おげ〜んき
デスカ？
セ：井上陽水!
顔を平らにして
目を寄せるのが
ポイントです

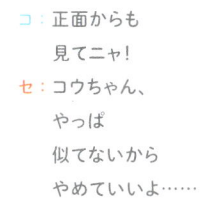

コ：正面からも
見てニャ!
セ：コウちゃん、
やっぱ
似てないから
やめていいよ……

セ：はい、
やめやめ〜!
モノマネの練習
おしまい。
コウちゃん
センスなさすぎ
コ：がんばったのに
ニャぁ……

何食べた⁉ 2

コ：牛乳に浸した
　　パン、見っけ！

コ：見て！
　　ボクも学習
　　したのニャ！

コ：空中でも両手で
　　つかんで食べる
　　と落ちない！

コ：そして、おうち
　　に逃げ込んで、
　　ゆっくり味わうの。
　　ニヤリ☆

おいしさと スリル味わい 最高ニャす！

言い出せなくて

コ：zzzz……
セ：……

セ：うーん……

セ：はーーーーっ

セ：ねぇねぇ、
コウちゃんに
「そこどいて」
って
言ってくれない
かちらー？

強いのに ときどき弱気 センねえたん

演技磨いてます

コ：はっ！
大変ニャ！

コ：もしもし、
旅のお方よ。
どうなさったか
ニャ？
セ：んん……？

セ：あぁ、
またいつもの
コウハイ座長の
公演ね
コ：こんな季節に
行き倒れとは
気の毒じゃ
ニャぁ……

コ：おぉ、気がつき
なさったか。
ささ、うちに
来なされ。
何か食べるもの
でも……
セ：え！
行き倒れた
あたちにお肉を
ちょうだい！

ねえたんに 台なしにされ 座長泣く

戦闘態勢？

ゆっちゃんは 抗議をしても 出かけちゃう

セ：あたち、今日こそは言ってやるワン！
コウちゃんも手伝って！

セ：お出かけ禁止ーー！
コ：留守番させるニャーー！！

セ：……敵は無視するつもりかちら
コ：あっちがその気なら、
　　こっちにも考えがあるニャ

コ：必殺寝込み作戦。
　　無言の圧力ニャ！　行くなら
　　この塀を越えて行け！

突撃せよ！

目覚めたら 仲良くなってる 2匹かな

セ：センちゃん島とコウちゃん島は
　　近くて遠い。
　　その間には深い溝があります

セ：侵略禁止。こっちに入ってきたら
　　ダメだからね！
コ：ねえたんめ……

コ：お、ねえたんが寝そう。
　　によし、突撃ニャ！

コ：やっぱり隣がいいもんニャ〜♡

踏まれてしあわせ2

コウハイは かまわれるのを 待っている

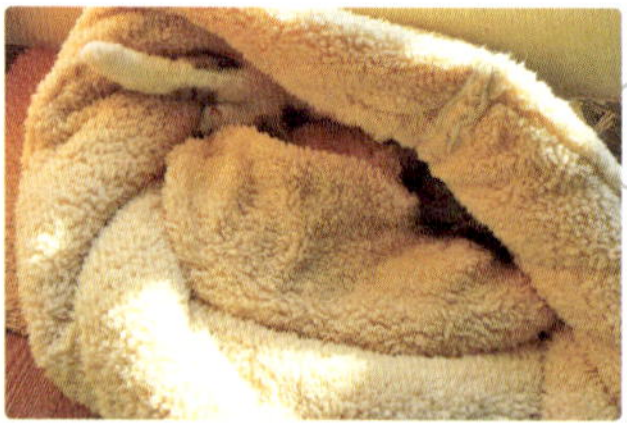

セ：あ、またコウちゃん埋まってるワン
コ：ZZZZ……

セ：今日もいいお天気だワ〜ン！

セ：はーっ、ベランダ気持ちいい〜
コ：ス、スルー？　まさかの???

コ：今日も踏まれたかったニャぁ……

間違ってる？

糸電話 ないしょの話は ニャーニャーニャー

コ：ニャ！　こりはっ……

コ：もしもし、こちらコウハイ……

コ：???

コ：おかしい。伸ばしても聞こえニャいなぁ……
セ：コウちゃん、これ糸電話じゃないわよ……

一緒に食べよう

バレンタインデー
のこと。
コウハイに小さな
箱が届きました。
コ：これはニャん
　　だろうー

セ：コウちゃん、
　　これはあたち
　　からのプレゼント。
　　義理じゃなくて、
　　本命よ！
　　いっぱい
　　食べてね！

コ：きゃ！
　　ねえたん、
　　ありがとう！

セ：さて、そろそろ
　　あたちも参戦！
　　本命じゃなくて、
　　本気食い！
　　いっただき
　　まぁ〜す！

誰よりも あたちが一番 食べたいの！

言わなきゃよかった

セ：コウちゃん、
　　いいこと教えて
　　あげよっか
コ：ニャに？
　　ねえたん

セ：コウちゃんはね、
　　ゆっちゃんが
　　橋の下から
　　拾ってきたのよ
　　……
コ：……

コ：うちょーーー！
セ：ひひひ……

コ：……ってのは、
　　もしかしたら
　　ホントかも？
　　でも、今がしあわせ
　　だからいいの♡
　　コウちゃん、
　　意地悪言って
　　ごめんね
　　（センパイ心の声）

センねえたん　からかうつもりが　自己嫌悪

90

ひなまつりって？

女の子 ひなまつりだったね おめでとう

コ：「ひなまつり」ってニャに？
　　ねえたんだけがちやほやされて
　　気に入らニャいぞ！

コ：おまえたちが「ひなまつり」か！
　　喧嘩上等ニャ！

コ：ところで。あれ〜？
　　ねえたんどこ……？

あら。主役のセンねえたんは、
なぜか鼻を抱えて寝ています。

エチケット

触ったら ブラッシングで 整えて

センパイがあまりにも
気持ちよさそうに
寝ていたので

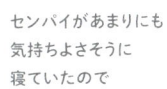

しばらく眺めて

つい撫でたくなって、
むくむくの冬毛を触る。

触った跡が、いつまでも
残っていました。

ボクが小さかったとき 2

コ：ボクが小さかったとき……

コ：センねえたんにしがみついて遊ぶのが好きでした

コ：引きずられるのも楽しかったよ！

セ：そして今では、こんなです……

なんでかな いつの間にやら 下克上

ひねもすのたり

何もない そんな日々こそ 宝物

セ：ねぇ、コウちゃん。
　　最近刺激が
　　少ないと
　　思うわ……
コ：え〜、茂樹って
　　誰ニャ？

セ：やあねぇ。
　　そうじゃなくて、
　　最近なんだか
　　つまんないな、
　　ってことよ
コ：あ、そっか。
　　でもこんなもん
　　なんじゃニャいの？
　　犬と猫の毎日
　　なんて

セ：そうかなぁ……
コ：ボクは
　　からだじゅう毛が
　　伸びちゃって
　　さぁ〜、
　　結構大変よ

セ：そっかぁ。
　　あたちは短毛で
　　よかったわ〜
コ：ニャんとも
　　不毛な会話〜。
　　平和だニャ！

おわりに

晩ごはんに魚を食べたいと言うオット、食べる魚を焼く私、焼き魚の匂いでよだれを垂らすセンパイ、キッチンで魚を真剣に狙うコウハイ……。日頃のなにげない出来事の中に、これからも希望や喜び、愛しさを見つけていきたい、と思います。

「おひさまの日ざし、気持ちいいね」「テーブルの下は風が通って涼しいよ」。そんなシンプルでなにげない、当たり前すぎて忘れてしまいがちなことを、日々、2匹に教えてもらい気づかせてもらいながら暮らしています。「センパイとコウハイ」シリーズ、これで3冊目となりました。この本は、我が家の日常をそのまま切り取った記録のような1冊となりました。ドラマチックなことは何もありませんが、そんな何でもない1日1日こそ、宝物ですね。